低糖烘焙

饼干 × 派塔 × 吐司 × 蛋糕

陈裕智　著
杨志雄　摄影

中国轻工业出版社

一起做出健康美味的甜点

　　年过半百，身边朋友总有受三高、糖尿病等疾病的困扰。由于家族遗传基因影响，我恐怕也难以避免日后患上这类疾病，因此我对于饮食的选择一向注重，身体指标仍然维持理想状态。

　　2018 年 3 月，朋友推荐了低糖低碳饮食方式，尝试 2 个月后，身体明显感觉轻盈，肩颈也不再酸紧，更年期的频尿、失眠也得到明显改善。

　　由于平时工作压力大，偶尔会吃甜食慰藉一下紧张的工作情绪，但是低糖低碳饮食后，市售的甜点全都不符合低糖低碳的标准！为了满足对甜点的欲望，只好自己做了！

　　家里只有一台小烤箱，也没有烘焙经验的我，尝试了生平的第一个甜点——油葱咸蛋糕，竟然大获好评，这令我信心大增，原来做低糖甜点没有想象的那么难！

　　我将食谱中食材的计量统一用克数计算，精准的分量化繁为简的步骤、容易购得的食材都大大的提升了烘焙成功几率及成就感！

本书使用说明

　　本书所介绍的甜点，只需使用一般家用烤箱，容量约 25 升以上即可，有上下火更佳，如果没有上下火，可依食谱时间为基准，接近烘烤完成时，注意表面上色程度，依实际上色状况，调整烘烤时间。例如蛋黄酥的表层若未达金黄色，则需加长烘烤时间（每台烤箱温度都有差异，建议要顾炉）。

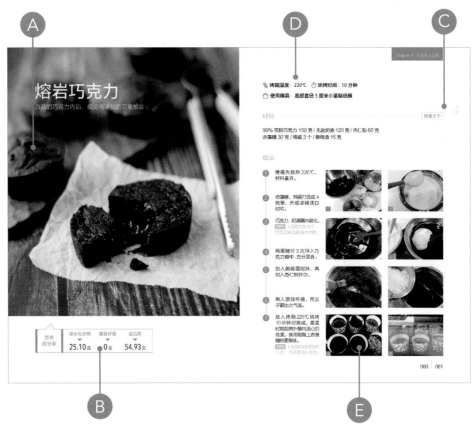

A：成品图

B：营养成分表——会标出该道料理的碳水化合物、膳食纤维、蛋白质等营养成分。

C：材料说明——会标出该篇食谱将使用到的材料，并依材料的多寡标示出份量。

D：使用工具说明——会标出该篇食谱将使用到的工具、烤箱温度及烘烤时间。

E：详细步骤图——搭配做法，附上步骤流程图，可以通过图片了解当前步骤，更快学会制作方法。

目录

Chapter 1

烘焙前的准备

元气小点心

Chapter 2

疗愈系小蛋糕

暖心派塔

能量满满的
蛋糕卷和面包

Chapter 5

Chapter 6

人气咸甜蛋糕

Chapter 1
烘焙前的准备

低糖烘焙的世界，有哪些不可或缺的材料？什么样的工具可以助你事半功倍？开始之前，先来了解这些知识吧。

低糖烘焙的原理——三大类原料替换

做低糖甜点前，我们必须要了解面粉与糖这两种原料替换的差异性。如果按照使用面粉的食谱直接做替换，你绝对会遇到挫折，注定失败。下面分别找出两者的差异，建立初步概念之后，低糖烘焙就更好上手了！

❤ 无麸质烘焙——面粉烘焙

一、面粉具有麸质，当麸质碰到水会产生筋性，使面包在烘焙时会膨胀起来，如吹气球一样，在酵母作用下，面包会松软有嚼劲。

二、面粉中的麸质可以帮助成品定形，使成品不易变形塌陷产生裂痕。

三、杏仁粉不含麸质，保水性不佳，烘焙中水分蒸发快速，容易让成品快速老化、碎裂。

四、杏仁粉也没有面粉中的面筋网络，没有强韧的网络，成品的组织也比较容易松散，不易黏结。

❤ 低糖烘焙——白糖烘焙

低糖烘焙中不会使用白糖，所有食谱皆使用代糖、赤藻糖醇、甜菊糖、罗汉果糖替代。糖在甜点中不仅是具有甜味而已，还有其他非常重要的功能。

一、白糖加入蛋白有助于稳定打发，代糖无法取代。所以低糖食谱要打发蛋白时，通常会建议加入塔塔粉、白醋或几滴柠檬汁，帮助蛋白快速打发。

二、白糖是酵母的养分，可以使面团产生大量空气，让面包膨胀，但酵母不"吃"代糖，在低糖食谱中只会给予酵母的味道，制作低糖甜点时，我们可以添加泡打粉或苏打粉来帮助膨胀。

三、代糖加热无法提供褐色焦糖，温度降低时容易产生凝结，成品柔软度稍差。少了面粉中的麸质、白糖的特性，所以在低糖烘焙中必须找其他物质作为替换。

❤ 水果的选择运用

我国水果种类多、甜度高，深得大众喜爱。但是不可忽略其中的糖分，过多的果糖会经肝脏转化成为甘油三酯，再转变为脂肪，摄取过多会加重肝脏的负担，适度摄取可帮助消化，减少便秘，改善皮肤状况，增加饱足感，水溶性纤维有助减重。

水果常被使用于甜点制作、装饰，低糖的甜点选择 GI（升糖指数）值偏低的水果，适量摄取就可安心食用。

低糖烘焙的重要食材

　　低糖甜点最大的特性是利用糖与粉类材料的替换来制作低糖点心，其中有几种特别常见的核心材料你必须先认识，知道这些食材的特性，你会更进一步了解低糖烘焙的内容，也能逐渐掌握低糖烘焙的替换原则。

❤ 甜味的替代

赤藻糖醇

　　赤藻糖醇是透过天然植物发酵取得，存在于菇类、水果及许多发酵制成品中，酒、醋、酱油中也会存在。研究指出，赤藻糖醇摄取后能迅速被小肠吸收，快速由尿液排出体外，无须经过代谢分解，与一般代糖、蔗糖不同，不会造成血糖大幅升高，也不会干扰胰岛素分泌，糖尿病患者食用也适合。赤藻糖醇的甜度是一般砂糖的 70%，每克热量约 0.2 卡（一般砂糖每克热量约 4 卡），口感带有凉味，易溶于水，常应用在无糖及低卡食品或直接当成甜味剂使用。

┌─ 保存方法 ─────────────
│ **开封后密封常温保存。**
└──────────────────────────

罗汉果糖

　　罗汉果在我国种植和食用已有 300 多年历史，是国家首批批准的药食两用材料之一。果实性凉味甘，有清热消暑、抗菌消炎、润肺止咳的功效。罗汉果糖是从罗汉果果实中提取出来的非糖甜味成分——总甜苷为原料，经与赤藻糖醇作用而制得的，甜度是一般蔗糖的 3 ~ 5 倍。罗汉果糖是天然的甜味剂，在欧美及日本也被大量广泛运用在制作甜品上。

┌─ 保存方法 ─────────────
│ **开封后密封室温保存。**
└──────────────────────────

甜菊糖

甜叶菊是小菊科植物，摘取叶子食用，有自然的甜味。南美洲的印地安人使用甜叶菊作为代糖已有几百年历史。医学研究甜菊糖的热量极低，加热后也相当稳定。甜度是一般蔗糖的 30 倍，加以纯化后甜度更是一般蔗糖的 300 倍。临床研究显示甜菊糖对于降低血糖、心血管作用、抗菌作用、消化系统、皮肤都具有功效。不过甜菊糖带有类似甘草的草本味道，有些人的接受度较低。市面上常见的甜菊糖有液体和粉状两种。

— 保存方法 —

液体状冷藏、粉状室温保存。

♥ 面粉的替代

杏仁粉

杏仁粉是低糖烘焙运用最多的材料，几乎可以完全取代面粉，但它不具备面粉的延展性也无法发酵。购买杏仁粉时要特别注意，虽然都叫杏仁粉，但其实分为制作甜点用的杏仁粉和冲泡饮品用的杏仁粉。用于饮品冲泡的南北杏仁，香气浓烈，颜色呈鹅黄色，无法用于甜点制作。制作甜点用的杏仁粉也分去皮杏仁粉和无去皮杏仁粉。去皮杏仁粉经过去皮再打磨粉质细致，呈淡黄色，适合做烘焙甜点、蛋糕。无去皮杏仁粉，未经过去皮打磨，颗粒较大，呈棕褐色，烘烤的成品粗糙、扎实并有颗粒感，比较适用于塔皮、饼皮、派皮的制作。

本书所用的杏仁粉 Almond Flour 是由美国甜杏仁磨碎打粉之后变成细致的粉末，淡黄色没有强烈气味，只有淡淡的坚果香，著名的法国甜点马卡龙、玛德莲就是使用这种杏仁粉制作的。记得直接购买甜点专用杏仁粉即可，不要自己买杏仁回来磨，自己磨的杏仁粉会出油结成块状，无法使用。

— 保存方法 —

开封后密封冷藏。

亚麻籽可分为两类，黄金亚麻籽与红棕色亚麻籽。两种亚麻籽的含油量不同，红棕色多用于榨油，而黄金亚麻籽主要用在烘焙上。亚麻籽中包含 28% 左右的膳食纤维，远高于其他果蔬和杂粮，富含 Ω-3 脂肪酸，对人体相当有益。

黄金亚麻籽粉

椰子粉是由椰子肉烘干磨碎至非常细致的粉末，呈淡黄色，因为容易和丝状的椰子粉混淆，有时候也称椰子细粉。无麸质，质轻有空隙且带清香，适合用来做司康、蛋糕。其富含膳食纤维，易于消化，能有效降低胆固醇。

椰子粉

┌─ 保存方法 ───────────────
密封储存在阴凉的地方。
└──────────────────────────

TIPS ▸黄豆粉也是面粉替代类的常见食材。

♥ 鲜奶的替代

制作甜点鲜奶不可少，但因鲜奶含有乳糖、乳糖酶分解成葡萄糖和半乳糖后更易被人体吸收。低糖甜点不建议使用，可用鲜奶油、椰浆、杏仁奶、豆浆、酸奶等食材替代。

动物性鲜奶油是全脂牛奶脱去部分水分，杀菌制成，无甜味，含脂率约 35%。因为是天然牛奶制成，反式脂肪也较少，但容易腐坏变质，保存要特别注意。

动物性鲜奶油

┌─ 保存方法 ───────────────
保存期限短不适合冷冻，冷冻再解冻
后容易呈油水分离的状态。
└──────────────────────────

将酵母菌加入鲜奶油，置于约 22℃ 的环境中发酵直到使其乳糖附含有至少 0.5% 的乳酸含量，使其具有乳酸发酵的微酸香味，较一般奶油更具浓烈天然的奶脂香味。

酸奶

❤ 膨松剂的替代

泡打粉

杏仁粉无法像面粉有延展性以及发酵膨胀的作用，低糖甜点中会使用泡打粉，让杏仁粉的体积可以更膨胀并产生空气感，使蛋糕口感更接近面粉类制作的蛋糕、甜点。

苏打粉

苏打粉是烘烤低糖蛋糕与面包时，让面糊膨胀的重要材料，只要与液体结合、接触湿气，便会产生二氧化碳。可以中和酸性物，常常用于巧克力蛋糕中，降低可可粉的酸性。

天然酵母

天然酵母是制作面包最基础的原料之一，可以帮助面包发酵，使面团膨胀，形成较松软的质地。天然酵母富含多种维生素、矿物质、以及麦角甾醇、谷胱甘肽等多种活性物质，是非常健康的食材。在低糖食谱中也可作为风味添加使用。

塔塔粉

塔塔粉是一种酸性的天然白色粉末，可用来中和蛋白中的碱性，能使蛋白打发时容易打出更细致的蛋白。本身为碱性的蛋白放越久碱性会越强，因此若使用陈蛋制作糕点常常需要加塔塔粉，反之则可省略。

TIPS ▶打发蛋白也可以用来作为膨松剂的替代。

❤ 延展性的替代

莫扎瑞拉奶酪

运用它的延展性，可以在低糖烘焙中弥补无麸质粉类欠缺的筋性，可以尽量接近面粉烘焙的口感及延展性。购买时尽量选择钠含量低的产品。开封后密封冷藏，尽快食用完毕。

❤ 黏稠度的替代

吉利丁是以动物皮的蛋白质及胶原制成，带浅黄色、无味。制作布丁、慕斯、甜点、冰品经常用到的凝固剂，有粉末状及片状，两者可互相替换使用。

吉利丁粉（片）

洋车前子粉有粉末状及片状，两者可互相替换使用。低糖烘焙的食谱中使用都是粉末状，吸水后会变成凝胶状，因为低糖烘焙使用的粉都是无麸质的，在没有麸质的状态下，黏合度较差，容易碎裂，洋车前子粉可当作结合剂，增加黏稠度，同时也可使成品有Q软口感。

洋车前子粉

TIPS ▶其他还有奇亚籽、寒天粉、洋菜粉可用于黏稠度的替代。

❤ 水果的替代

蓝莓所含的维生素C、维生素A，是所有水果中最丰富的，可鲜食或做成果冻、果酱、沙拉、松饼等。

蓝莓

草莓的产季大约在11月至次年4月。草莓不仅外观鲜美红嫩，果肉多汁，还富含维生素C，是皮肤合成胶原蛋白的重要营养素，加上维生素A、维生素E及铁对皮肤好，因此草莓具有美白、保湿、抗氧化、增强免疫力等功能。

草莓

覆盆子

覆盆子滋味酸甜爽口，富含丰富的黄酮类物质及抗氧化剂，能够有效地促进人体皮肤细胞的新陈代谢以及细胞的再生长，能抗老化和美白，减少脂肪形成。

TIPS ▶ 其他还有柠檬、猕猴桃、葡萄柚、牛油果、青苹果、橙子、樱桃、圣女果、梨都是属于 GI 值偏低的水果。

❤ 风味的添加

可可粉

可可粉是将烘烤过的可可豆去除油脂后，再磨成粉而制成。天然可可粉具有促进肠胃蠕动、帮助肠胃消化的功能。可用来改变糕点的外观与风味，香气浓烈，是蛋糕、点心的重要调味料。

咖啡粉

咖啡粉由咖啡豆研磨而成，可当作装饰用的撒粉或与内馅调味使用，不同品种的咖啡豆、不同的烘焙程度等皆会影响风味的差异。咖啡粉不仅味道香醇浓厚，还有加速新陈代谢、抗氧化的作用。

黑芝麻粉

黑芝麻粉是黑芝麻粒焙炒研磨成的粉。可用来改变糕点的外观与风味，也可用于内馅调味。黑芝麻粉维生素 E 含量非常丰富，能帮助身体对抗氧化、老化等问题。

抹茶粉

抹茶粉是以遮阳茶为原料，经过杀青、磨碎而制成的粉末。抹茶中含有儿茶酚，有抗氧化作用，味道浓郁、高雅，深受人们喜爱。抹茶粉可用于制作面团、内馅时的调味拌料，亦可撒在点心外围作为装饰。

肉桂粉

肉桂粉具备浓厚的气味、辛辣度，富含维持脑神经机能，并能将碳水化合物转变成能量的维生素 B_1、能分解氧化脂质并促进细胞再生的维生素 B_2 等多种维生素，可以预防手脚冰冷，改善浮肿。在烹调料理或是甜点的制作时常会用到。

海盐

海盐为食用盐的一种，是通过海水蒸发以获得的海水中的盐分，可以用于烹调。利用天然的食用盐取代精制盐，可以添加点心风味。

香草精

香草精，提炼自香草豆荚，是通过香草豆荚、水、以及酒精所萃取制成。可以去除蛋腥味或是制作面团、内馅时作为调味拌料使用。

坚果

坚果多为植物种子的子叶或胚乳，营养价值很高，包括杏仁、腰果、榛子、核桃、松子、夏威夷果等。坚果大多含有钙、镁、铁、锌、铁等矿物质，还有丰富的维生素 E 和 B 族维生素，并且都有很好的抗氧化成分。比如杏仁具有抗老化、促进伤口愈合的功效；核桃也能抵抗衰老，调节激素分泌。

TIPS ▶其他还有酸奶、柠檬、黑莓、蓝莓、草莓、覆盆子、绿茶、姜黄粉、无糖花生酱……都是可以作为糕点风味添加的食材。

工具的用途与选择

如果是烘焙新手，可以借由本篇了解一些烘焙工具的用法及特色，并视个人需求添购所需工具，将有助于你更顺利的制作。

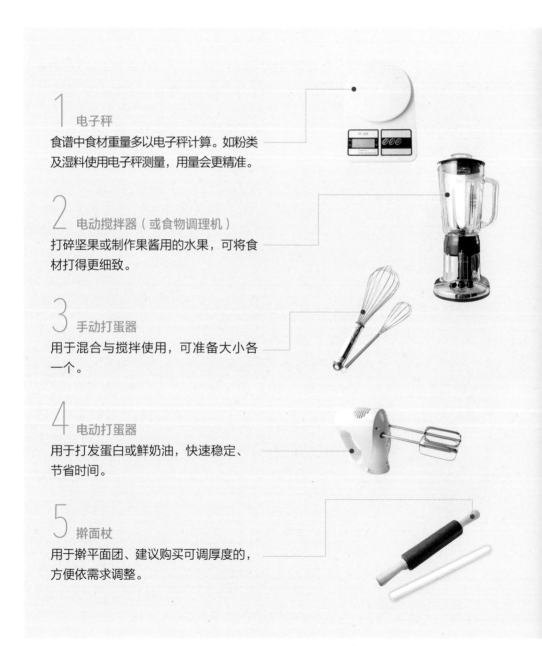

1 电子秤
食谱中食材重量多以电子秤计算。如粉类及湿料使用电子秤测量，用量会更精准。

2 电动搅拌器（或食物调理机）
打碎坚果或制作果酱用的水果，可将食材打得更细致。

3 手动打蛋器
用于混合与搅拌使用，可准备大小各一个。

4 电动打蛋器
用于打发蛋白或鲜奶油，快速稳定、节省时间。

5 擀面杖
用于擀平面团、建议购买可调厚度的，方便依需求调整。

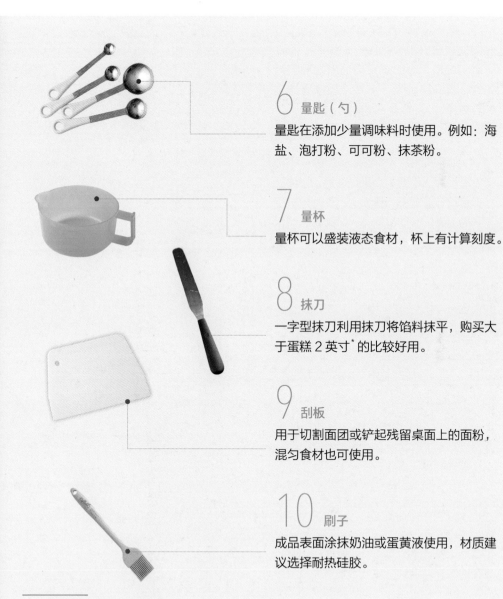

6 量匙（勺）

量匙在添加少量调味料时使用。例如：海盐、泡打粉、可可粉、抹茶粉。

7 量杯

量杯可以盛装液态食材，杯上有计算刻度。

8 抹刀

一字型抹刀利用抹刀将馅料抹平，购买大于蛋糕 2 英寸[*]的比较好用。

9 刮板

用于切割面团或铲起残留桌面上的面粉，混匀食材也可使用。

10 刷子

成品表面涂抹奶油或蛋黄液使用，材质建议选择耐热硅胶。

*：1 英寸的蛋糕直径约 2.54cm。

11 转盘

制作蛋糕时，在涂抹鲜奶油时，需要转盘辅助，有助抹平与抹出光滑的装饰，尺寸可买大一点方便摆放蛋糕体及涂抹。

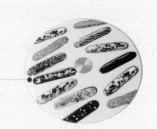

12 筛网

筛杏仁粉一定要用水果汁筛网，避免粉类结块，且能更为细致。小孔筛网可用于表面装饰使用，例如：抹茶粉、可可粉、糖粉。

13 挤花袋

用于装入鲜奶油或其他馅料，固定挤花嘴一起使用，建议可买大、中尺寸就好。

14 挤花嘴

制作蛋糕表面装饰使用，各式造型可呈现不同的挤花效果，新手建议买中、大规格花瓣式样练习。

15 温度计

精准测量烤箱内温度，维持最佳烤温，掌握温度成功率更高。

16 计时器

协助你精准计算烘烤或静置的时间，避免因为忙碌忘记时间。

17 烘焙纸

用于烤盘避免沾黏，脱模容易、好清洗。揉面团时可铺在桌面防沾。

18 锡箔纸

可用于活动模底部，防止水分进入及覆盖避免上色过度。

19 盛装器皿

可准备2~3个大、中、小，底部圆弧、无死角的容器，用于混合材料、材料称重，建议选购304不锈钢材质。

20 刮刀

用于拌匀食材，同时可将盆内残糊刮干净，建议选购耐热材质2~3把，大小尺寸各有用途，软硬各有作用。

Chapter 2
元气小点心

下午嘴馋想吃点心、有点饿又不会太饿的时候，这些点心、饼干将满足你的味蕾，健康又不怕吃胖，快来选一道试试。

椰香小球

外形可爱、香酥可口的点心

营养 成分表	碳水化合物 ▼ 42.0克	膳食纤维 ▼ 8.63克	蛋白质 ▼ 19.48克

🌡️ 烤箱温度：160℃　⏱️ 烘烤时间：20 分钟

材料： ———————————————————————————— 份量 12 颗

无盐奶油 30 克 / 赤藻糖 30 克 / 椰子粉 120 克 / 鸡蛋 2 个
装饰用椰子粉适量

做法：

① 烤箱预热，备好所有食材粉料。

② 无盐奶油熔化后加入赤藻糖、鸡蛋搅拌均匀。

③ 倒入椰子粉搅拌均匀。取约 15 克粉团，用掌心与手指捏圆（约可分成 12 等份），放在铺好烘焙纸的烤盘上。

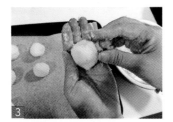

④ 椰子球表皮滚上装饰用椰子粉，留间隔放入 160℃ 的烤箱，烘烤 20 分钟即完成。

🍰 贴心提醒 ————————————————————

1 千万不要用非常细的椰子细粉，细粉在食用时容易让人呛到！
2 冷却后室温下可保存两周。

坚果贝果

外皮酥脆、内部柔软，越嚼越香

营养成分表	碳水化合物 ▼	膳食纤维 ▼	蛋白质 ▼
	32.40克	18.8克	81.41克

🥄 烤箱温度：180℃　⏱ 烘烤时间：25 分钟　🍲 使用模具：甜甜圈模具

材料：————————————————————————————— 份量 5 ~ 6 个

莫扎瑞拉奶酪 200 克 / 奶油奶酪 40 克 / 鸡蛋 1 个 / 适量南瓜子
粉料：杏仁粉 80 克 / 泡打粉 5 克 / 洋车前子粉 10 克

做法：

1 烤箱预热至 180℃，莫扎瑞拉奶酪、奶油奶酪微波 1 分钟后取出，搅拌均匀。

2 粉料充分混合拌匀，粉团与奶酪用手揉混合搓匀。

3 加入鸡蛋一起搓成面团。

4 面团分成 5 等份。在甜甜圈模上先铺一圈南瓜子，再将面团压入甜甜圈模具内。

5 扣出后放置于铺有烘焙纸的烤盘上，面团中间留缝隙，放入烤箱 180℃烘烤 25 分钟即完成。

🍳 贴心提醒 ————————————————

1 莫扎瑞拉奶酪、奶油奶酪也可隔水加热软化。
2 奶酪、蛋与粉的混合，用手揉能最快速均匀。

彩椒培根百汇披萨

浓郁的美味，令人爱不释手

营养成分表	碳水化合物	膳食纤维	蛋白质
	37.17 克	7.80 克	78.40 克

🖊 烤箱温度：180℃　🕐 烘烤时间：15 分钟

材料：————————————————————————————————————| 份量 1 个 / 6 英寸 |

饼皮：莫扎瑞拉奶酪 200 克 / 杏仁粉 50 克 / 鸡蛋 1 个 / 番茄酱适量
参考馅料：
肉类：鸡肉 / 培根 / 腊肉 / 香肠 / 花枝 / 金枪鱼 / 火腿 / 乌鱼子
蔬菜类：彩椒 / 罗勒 / 黄瓜 / 菇类 / 花椰 / 洋葱

做法：

1 150 克莫扎瑞拉奶酪微波 30 秒，软化后与杏仁粉搅拌成团，再加入鸡蛋完全混合。

2 取出一张烘焙纸，放上面团，压平约 0.8 厘米厚。

3 放入烤箱，烤至表面上色起泡即可。

4 饼皮表面涂番茄酱，摆满喜欢的食材馅料，再铺上 50 克莫扎瑞拉奶酪，放入烤箱 180℃烘烤 15 分钟即完成。

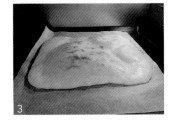 

🍴 贴心提醒 ————————————————————
1 微波后的奶酪小心烫手。
2 水分多的蔬菜需炒干。
3 奶酪本身有咸味，注意馅料的咸度。

蛋黄酥

层层叠叠，外皮酥脆，内馅咸香美味

营养 成分表	碳水化合物 ▼ 75.37克	膳食纤维 ▼ 8.60克	蛋白质 ▼ 126.72克

🌡️ 烤箱温度：180℃　⏱️ 烘烤时间：15 分钟

材料：───────────────────────────── 份量 10 颗

咸蛋黄 10 个 / 朗姆酒 10 克 / 芝麻粉 60 克 / 杏仁粉 150 克 / 热水 30 克 / 赤藻糖 60 克 /
猪油 20 克 / 室温无盐奶油 20 克 / 鸡蛋 1 个 / 蛋黄 1 个 / 玫瑰盐少许 / 黑芝麻少许

做法：

1 咸蛋黄上涂抹朗姆酒，以 180℃烘烤 8 分钟，起泡即可取出。

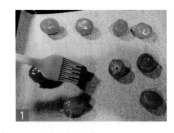 

2 芝麻粉拌热水后加入 30 克的赤藻糖备用。

3 猪油、室温无盐奶油、杏仁粉、鸡蛋、30 克赤藻糖、玫瑰盐搅拌成面糊，放入冰箱冷藏 30 分钟。

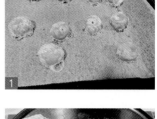

4 将做法 2、做法 3 分别分成 10 等份，搓成圆形后压扁。

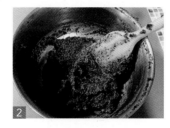

5 取一个塑料袋或手套戴在手上，第一层面团、第二层芝麻馅、第三层咸蛋黄，手指朝掌心握拳，完整包覆馅料。

6 缩口处朝下放入烤皿，表面涂上蛋黄液，顶点用芝麻缀饰，放进烤箱 180℃烘烤 15 分钟即完成。

TIPS ▶ 摆放时记得留间距，烘焙完成后，烤箱静置 5 分钟再取出表皮更香。

葱油饼

有点饿又不太饿的最佳选择

营养成分表	碳水化合物	膳食纤维	蛋白质
	22.04 克	11.5 克	46.94 克

🏠 **使用工具：平底锅**

材料：————————————————————— 份量1片 / 约4人份

莫扎瑞拉奶酪 100 克 / 奶油奶酪 25 克 / 杏仁粉 30 克 / 鸡蛋 1 个
青葱 100 克 / 亚麻籽粉 20 克 / 油适量 / 番茄酱适量

做法：

① 莫扎瑞拉奶酪、奶油奶酪微波 1 分钟，取出后趁热搅拌，再加入杏仁粉、亚麻籽粉、鸡蛋拌匀揉成面团。

② 取一张烘焙纸，放上面团，再盖上一张烘焙纸，压平约 0.5 厘米厚度。

③ 打开烘焙纸，表面铺满切碎的葱花。

④ 饼皮表面涂番茄酱，摆满喜欢的食材馅料，再铺上 50 克莫扎瑞拉奶酪，放入烤箱 180℃烘烤 15 分钟即完成。

⑤ 平底锅加些许油，放入平底锅小火烘烤至双面焦黄上色，即完成。

👨‍🍳 贴心提醒 ━━━━━━━
也可使用烤箱，以 160℃烘烤 15 分钟，翻面再烤 3 分钟。

葱花苏打饼干

咸香、咸香的解馋零嘴

营养 成分表	碳水化合物 ▼ 38.83克	膳食纤维 ▼ 19.9克	蛋白质 ▼ 36.90克

🌡️ 烤箱温度：200℃　⏱️ 烘烤时间：10 分钟

材料：————————————————————————————— 份量 24 片

室温无盐奶油 60 克 / 蛋白 1 个 / 葱适量 / 海盐 1 克
粉料：杏仁粉 150 克 / 苏打粉 2.5 克 / 胡椒粉 1 克

做法：

① 葱切碎成葱花后放入烤箱，150℃ 烘烤 5 分钟，去除水分备用。

② 所有粉料混合均匀后，将室温无盐奶油用指腹搓揉与粉料捏成面团，加入蛋白揉和。

③ 取一张烘焙纸铺在烤盘上，再放上面团，盖上一层保鲜膜，压整成约 0.3 厘米的厚度。

④ 饼皮切成边长 4 厘米的方块状，取下保鲜膜，表面用叉子插洞。

5 铺上葱花，撒点海盐轻压一下，放入冰箱，冷藏30分钟后取出。

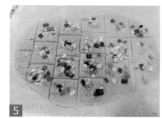

6 烤箱预热200℃，放入烤箱烤10分钟，取出后趁热用刀子划痕，放凉即可食用。

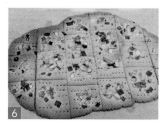

🍳 贴心提醒

1 顾炉上色即可。
2 可利用烘焙纸内折方式将面团整成正方形，切片较完整好看。
3 喜欢意式香料也可以将葱花替换成其他口味！
4 完全冷却才会酥脆，用密封罐保存，一周内食用完。

意式综合坚果脆饼

口感酥脆、香味浓厚

营养成分表	碳水化合物 ▼ 54.84克	膳食纤维 ▼ 41.60克	蛋白质 ▼ 54.96克

🌡️ **烤箱温度**：160℃　⏱️ **烘烤时间**：25 分钟

材料：————————————————————————— 份量 10 片

鸡蛋 1 个 / 坚果 120 克 / 奶油 60 克
粉料：杏仁粉 150 克 / 泡打粉 6 克 / 海盐 2 克 / 赤藻糖 80 克 / 椰子细粉 50 克

做法：

1 奶油在室温下熔化备用。

2 粉料混合拌匀，再将熔化的奶油加入粉料中，用指腹搓成颗粒状。

3 加入鸡蛋搅拌成面团。

④ 加入喜欢的坚果与面团混合拌匀。

⑤ 桌面铺上一层保鲜膜，面团整成椭圆形，厚度3厘米，用保鲜膜包好，冷冻24小时后取出。

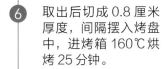

⑥ 取出后切成0.8厘米厚度，间隔摆入烤盘中，进烤箱160℃烘烤25分钟。

⑦ 烤箱调至130℃，翻面再烤20分钟。

🧑‍🍳 贴心提醒

1 坚果如核桃、杏仁片、开心果粒、南瓜子……皆可使用。

2 面团可多做一些，存放在冰箱冷冻，随烤随吃。

3 烤的时间要足够长才会干、硬、脆，密封可保存1个月。

4 可以将奶油块切碎与粉料结合，成品会变得酥脆。

5 冷冻的时间久一些，更容易切成条不会松散。

迷迭香草奶酪条

淡雅的迷迭香气和奶酪最般配

营养 成分表	碳水化合物	膳食纤维	蛋白质
	▼	▼	▼
	28.03 克	15.00 克	67.10 克

🔖 **烤箱温度：** 170℃　⏱ **烘烤时间：** 20 分钟

材料：————————————————————————————— 份量 18 条

无盐奶油 50 克 / 迷迭香少许（干燥、新鲜皆可）/ 奶酪丝 130 克 / 鸡蛋 1 个 / 鲜奶油 50 克
粉料：杏仁粉 150 克 / 盐 1.5 克

做法：

1 烤箱预热 170℃，迷迭香切碎，无盐奶油切丁，奶酪丝切碎备用。

2 所有粉料混合拌匀。

3 加入迷迭香碎片、无盐奶油丁，用指腹揉捏让面团成颗粒状。

4 加入奶酪碎片拌匀。

5 倒入鲜奶油，充分混合成面团。

6 面团分成 18 等份（每份约 22 克），搓成圆条状，预留膨胀空间，摆在铺有烘焙纸的烤盘上。

7 表面涂抹蛋液，送进烤箱烘烤 20 分钟后取出，即完成。

🍳 贴心提醒

1 切勿让奶油温度过高，否则会不酥脆。
2 冷却后放密封罐可保存一周。
3 新鲜的迷迭香，用流水冲洗，轻轻揉搓，洗去污垢后，用干净的纸巾拍干。捏住枝叶尖端，另一只手压在下方的茎上，轻轻按压，手指向下滑动，就能将叶片无损地取下。

三色松露巧克力

缤纷色彩，让你吃上一口就有好心情

营养成分表	碳水化合物 ▼	膳食纤维 ▼	蛋白质 ▼
	29.88 克	8.00 克	36.17 克

🖊 烤箱温度：180℃　⏱ 烘烤时间：8 分钟

材料：————————————————————————————— 份量 10 个

99% 苦甜巧克力 180 克（其中 60 克为包裹外衣用）/ 鲜奶油 60 克
无盐奶油 20 克 / 熟夏威夷果 100 克 / 赤藻糖 30 克 / 抹茶粉适量
巧克力粉适量 / 椰子细粉适量

做法：

1 将夏威夷果放入烤箱，180℃烘烤 8 分钟，压碎备用。

2 鲜奶油、赤藻糖先隔水加热，熔化后离火加入 120 克苦甜巧克力和 20 克无盐奶油拌匀。

3 加入夏威夷果碎片混合拌匀，盖上保鲜膜放入冰箱冷藏 1 小时。

4 取出做法 3 后分 10 等份（每份约 30 克），搓成圆球状，再放回冰箱冷藏。

5　隔水加热熔化包裹外
衣用的 60 克苦甜巧
克力。至冷藏取出巧
克力球,裹上巧克力糊。

6　分别在巧克力球表面
沾上抹茶粉、巧克力
粉或椰子细粉,摆入
小纸杯内。

🍳 贴心提醒

1 巧克力勿加热过度,60℃就要离火(或是水
　煮到冒小泡关火),否则会油水分离无法复原。
2 夏威夷果可换成其他喜爱的坚果。
3 不用烤箱的话,也可以用平底锅炒香夏威夷果。
4 若选用 75% 的苦甜巧克力,则甜度稍高,无
　需再加赤藻糖。
5 制作过程温度越低越好,太粘手时可回放冷藏
　冰一下。

广式桃酥

口感松脆，核桃香气鲜明的古早味

营养 成分表	碳水化合物 ▼ 36.72克	膳食纤维 ▼ 9.4克	蛋白质 ▼ 42.23克

🌡烤箱温度：180℃　⏱烘烤时间：15 分钟

材料 ————————————————————————— 份量 9 个

猪油 50 克 / 核桃 60 克 / 鸡蛋 1 个 / 蛋黄 1 个
粉料：赤藻糖 50 克 / 亚麻籽粉 20 克 / 杏仁粉 100 克 / 泡打粉 1.25 克 / 海盐少许

做法：

1 核桃放进烤箱，180℃
烘烤 10 分钟，压碎
备用。

2 所有粉料混合，加入
猪油充分拌匀。

3 加入鸡蛋搅拌成面团。

4 核桃碎加入面团中拌匀。

5 将面团分成 9 等份，每份约 30 克，搓圆放烤盘上。

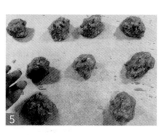

6 将 9 份面团分别压扁至约 1 厘米厚度，周围会呈现自然裂痕。

7 中心点用指腹压凹。
TIPS ▸可于压凹处点缀一颗核桃。

8 把蛋黄打匀，在面团表面涂上蛋黄液，再放入烤箱以 180℃烘烤 15 分钟，即完成。

👨‍🍳 贴心提醒

1 烤至表面呈金黄色为佳。
2 猪油可替换无盐奶油，不需要熔化直接拌入粉料中。
3 表面上色后可盖铝箔纸防表面焦黑。

葱肉胡椒酥饼

外皮香酥、馅料够味

营养 成分表	碳水化合物 ▼ 76.77 克	膳食纤维 ▼ 33.4 克	蛋白质 ▼ 96.09 克

🌡 烤箱温度：170℃ ⏱ 烘烤时间：20 分钟

材料：——————————————————————————— 份量 6 个

奶酪丝 100 克 / 橄榄油 10 克 / 白芝麻 3 克 / 鸡蛋 2 个
粉料：杏仁粉 60 克 / 泡打粉 5 克 / 亚麻籽粉 90 克 / 赤藻糖 10 克（可不加，加了口味比较
　　　丰富）/ 盐适量 / 胡椒粉适量
内馅食材：牛或猪肉 140 克 / 大蒜少许 / 洋葱半个 / 青葱少许 / 盐适量 / 酱油适量
　　　　　辣椒 1 个

做法：

1 将内馅食材的肉切成
细条状，大蒜、洋葱、
青葱、辣椒切碎丁。

2 起油锅加入橄榄油，
将做法 1 中的材料倒
入，炒香拌熟，加入
适量的酱油和盐调味
备用。

TIPS ▸馅料炒干不要
留太多水分。

3 奶酪丝微波加热 1 分
钟软化。

4 粉料拌匀后加入鸡蛋
混合拌匀。

5 奶酪糊与面糊搅拌均
匀成面团。

6 将面团分成 6 等份，搓圆后压平成约 1 厘米厚度。

7 手套上保鲜袋，掌心向上放上饼皮，饼皮上放内馅，表面撒葱花，包起来，收口朝下。

8 压扁沾上白芝麻，放入烤盘。170℃烤 20 分钟即完成。

TIPS ▶沾芝麻要轻压一下才不会粘不牢。

🍴 贴心提醒

1 热食、冷食皆美味。
2 冷藏后可回烤 5 分钟再食用。

Chapter 3
疗愈系小蛋糕

小巧的杯子蛋糕，造型可爱，分量不多，搭配下午茶刚刚好。享受天然坚果的香气，品味奶油霜绵密的口感，各种口味任君挑选。

坚果玛芬

浓厚的坚果香，松软湿润的口感

营养 成分表	碳水化合物 ▼ 51.59 克	膳食纤维 ▼ 29.40 克	蛋白质 ▼ 61.53 克

🥄烤箱温度：180℃　　⏱烘烤时间：30 分钟

🍲使用模具：底部直径 4.8 厘米中型玛芬耐烤杯

材料 : ──────────────────────── 份量 6 个

无盐奶油 100 克 / 杏仁粉 150 克 / 赤藻糖 60 克 / 鸡蛋 2 个 / 黄金亚麻籽粉 30 克
泡打粉 5 克 / 核桃 60 克 / 朗姆酒 10 克

做法 :

① 将所有材料称量好，核桃敲碎备用。室温熔化奶油，加入赤藻糖拌成浅白色后，加入鸡蛋搅拌成蛋糊。

② 杏仁粉、泡打粉、亚麻籽粉过筛加入蛋糊中，拌成面糊。

③ 留下少许碎核桃作为装饰用。其余碎核桃与朗姆酒加入面糊中，充分拌匀。

④ 将面糊分成 6 等份，舀入杯模至约九分满。

⑤ 表面撒上碎核桃，放入烤箱 180℃烘烤 30 分钟即完成。

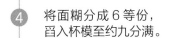

👨‍🍳贴心提醒 ══════

核桃可替换成南瓜子、杏仁或夏威夷果等不同坚果。

黑芝麻杏仁杯子蛋糕

香气浓郁的黑芝麻，养生又健康

营养 成分表	碳水化合物 ▼ 26.07克	膳食纤维 ▼ 0克	蛋白质 ▼ 26.18克

🥄 烤箱温度：180℃　⏱ 烘烤时间：25 分钟　🍲 使用模具：6 格不粘玛德莲模

材料： ──────────────────────────────── 份量 6 个

黑芝麻酱 30 克 / 奶油奶酪 80 克 / 杏仁片适量 / 赤藻糖 40 克 / 鸡蛋 2 个 / 塔塔粉 1.25 克

做法：

1 烤箱预热 180℃。黑芝麻、赤藻糖、奶油奶酪隔水加热约 60℃，搅拌成糊状，将蛋白、蛋黄分开后，加入蛋黄拌匀。

2 蛋白加入塔塔粉打发至湿性勾状后，分 2 次拌入面糊中。

3 烤模涂抹奶油防粘。

4 搅拌好的面糊倒入烤模，表面撒上杏仁片，放入烤箱 180℃烘烤25 分钟即完成。

🍳 贴心提醒 ════════

1 打发蛋白亦可用白醋或塔塔粉 3 倍的柠檬汁。

2 奶油奶酪勿加热过度。

3 3 天内吃完。

英式红茶舒芙蕾

口感松软，下午茶的最佳女主角

营养 成分表	碳水化合物	膳食纤维	蛋白质
	9.37克	0克	19.63克

🌡 烤箱温度：170℃　⏱ 烘烤时间：12 ~ 15 分钟

🏠 使用模具：底部直径 6.8 厘米陶瓷舒芙蕾烘焙杯

材料：————————————————————————————— 份量 3 个

红茶汤 20 克 / 鲜奶油 30 克 / 杏仁粉 30 克 / 赤藻糖 30 克 / 鸡蛋 2 个 / 泡打粉 2 克 / 奶油适量

做法：

❶ 烤箱预热 170℃。烘焙杯抹上一面奶油后，撒上赤藻糖，用滚杯的方式让烘焙杯内侧沾满糖粉，多余的赤藻糖倒出备用。
TIPS ▸ 一定要滚杯，舒芙蕾之后才会胀高。

❷ 将鸡蛋的蛋黄与蛋白分开，蛋黄、杏仁粉、泡打粉、鲜奶油加入红茶汤混合拌匀。

❸ 蛋白加入赤藻糖打发，分 2 次拌入面糊中。

❹ 面糊倒入烘焙杯，振出大气泡，将烘焙杯放入烤箱中，170℃烘烤 12 ~ 15 分钟即完成。

🍰 贴心提醒 ————————————

1 记得顾炉。
2 烘烤后立即食用，口味最佳。
3 食用前记得撒上赤藻糖粉会更美味。
4 红茶汤可替换成可可、咖啡、抹茶口味。

韩式鸡蛋糕

松软口感，还有一整个咸咸甜甜的蛋

营养 成分表	碳水化合物 ⤓ 24.17克	膳食纤维 ⤓ 0克	蛋白质 ⤓ 79.46克

🔖 烤箱温度：180℃　⏱ 烘烤时间：30 分钟

🍱 使用模具：底部直径 5 厘米小蛋糕纸模

材料： ————————————————————————— 份量 6 个

鸡蛋 8 个 / 赤藻糖 50 克 / 无盐奶油 40 克 / 杏仁粉 100 克 / 泡打粉 3 克 / 奶酪丝 30 克

做法：

① 烤箱预热 180℃，隔水加热熔化奶油。加入 2 个室温鸡蛋、赤藻糖打发成乳白糊状。

 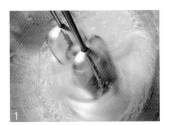

② 加入杏仁粉以及泡打粉搅拌均匀。

③ 做法 2 倒入纸模，约 3 分满，分别打入鸡蛋 1 个。

④ 覆盖一层奶酪丝，放入烤箱 180℃烘烤 30 分钟即完成。

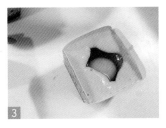 

🍞 贴心提醒 ——————————————————

1 食用前表面撒上香料粉更好吃。

2 室温过低时全蛋不易打发，可隔水加热约 40℃再进行打发。

熔岩巧克力

流动的巧克力内馅，视觉与味觉的双重飨宴

营养 成分表	碳水化合物	膳食纤维	蛋白质
	25.10克	0克	54.93克

🥄 烤箱温度：220℃   ⏱ 烘烤时间：10 分钟

🍲 使用模具：底部直径 5 厘米小蛋糕纸模

材料：———————————————————————————— 份量 6 个

99% 苦甜巧克力 150 克 / 无盐奶油 120 克 / 杏仁粉 60 克
赤藻糖 30 克 / 鸡蛋 3 个 / 朗姆酒 15 克

做法：

1 烤箱先预热 220℃，
材料备齐。

2 赤藻糖、鸡蛋打发成 4
倍量，外观浓稠浅白
即可。

3 巧克力、奶油隔水熔化。
TIPS ▸ 温度约在 60℃，
切勿过高造成油水分离。

4 鸡蛋糊分 3 次拌入巧
克力糊中，充分混合。

5 加入朗姆酒搅拌，再
加入杏仁粉拌匀。

6 倒入蛋糕杯模，用叉
子戳出大气泡。

7 放入烤箱 220℃ 烘烤
10 分钟即完成。高温
时就能有外酥内流心的
效果。食用前撒上赤藻
糖粉更美味。
TIPS ▸ 冷却后微波加热
10 秒，可还原流心状态。

花瓣坚果肉桂卷

酥酥脆脆，简单、好吃又漂亮

营养成分表	碳水化合物	膳食纤维	蛋白质
	25.78克	2.5克	49.54克

🥄 烤箱温度：160℃　⏱ 烘烤时间：15 分钟

🍲 使用模具：底部直径 4 厘米烘焙纸杯

材料：⸺⸺⸺⸺⸺⸺⸺⸺⸺⸺⸺⸺⸺⸺⸺⸺ 份量 6 个

莫扎瑞拉奶酪 100 克 / 赤藻糖 50 克 / 肉桂粉 10 克 / 杏仁粉 100 克 / 泡打粉 5 克 / 碎核桃适量

做法：

1 烤箱预热 160℃，将莫扎瑞拉奶酪微波加热 30 秒软化。
TIPS ▶ 烤箱一定要预热，可避免肉桂卷变形。

2 杏仁粉、泡打粉、赤藻糖混合拌匀。

3 软化的莫扎瑞拉奶酪与粉料揉和成面团。

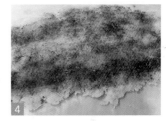

4 面团擀平约 0.8 厘米厚度，表面抹上肉桂粉。

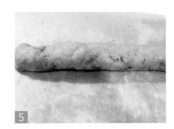

5 面团卷成圆条状，切成 6 等份，表面划几刀拨开成花瓣状，放入烘焙纸杯。

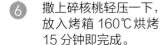

6 撒上碎核桃轻压一下，放入烤箱 160℃烘烤 15 分钟即完成。

香橙玛德莲

橙香扑鼻而来，外酥内软的法式小点

营养成分表	碳水化合物 ▼	膳食纤维 ▼	蛋白质 ▼
	23.33克	19.9克	22.74克

🥄 烤箱温度：200℃　⏱ 烘烤时间：20 分钟

🍲 使用模具：6 格不粘玛德莲模

材料 ──────────────────────────── 份量 6 个

椰子油 50 克 / 鸡蛋 2 个 / 橙汁 100 克（约 2 个）/ 橙皮屑 1 个量 / 奶油适量
粉料：椰子细粉 50 克 / 杏仁粉 30 克 / 泡打粉 5 克 / 甜菊糖 10 滴

做法：

① 烤箱预热至 200℃，橙皮磨屑备用。

② 所有粉料混合。

③ 加入橙皮屑，用指腹搓揉到完全混合。

④ 加入鸡蛋、椰子油拌匀。

⑤ 再将橙汁加入，充分搅拌完全。

6 面糊装入挤花袋，烤模涂抹一层奶油防粘。

7 以 Z 字形的方式挤入烤模，大约八分满。放进烤箱 200℃烘烤 20 分钟即完成。

TIPS ▸烤模有纹路，Z字形挤入才会填满。

🍳 贴心提醒

1 烤 10 分钟面糊中央会凸出，要记得顾炉，才能烤出外酥内软、上色漂亮的玛德莲。

2 烘烤后一周内为最佳赏味期。

奶油戚风杯子蛋糕

小巧可爱，深受大人小孩喜爱

营养 成分表	碳水化合物 ▼ 26.46克	膳食纤维 ▼ 11.50克	蛋白质 ▼ 49.23克

🖊 **烤箱温度：** 180℃　⏱ **烘烤时间：** 15 分钟

🍱 **使用模具：** 底部直径 5 厘米小蛋糕纸模

材料：　　　　　　　　　　　　　　　　　　　　　份量 6 个

蛋糕体材料：鸡蛋 4 个 / 赤藻糖 50 克 / 无盐奶油 30 克 / 杏仁粉 100 克 / 香草精 3 克
鲜奶油材料：鲜奶油 150 克 / 赤藻糖 20 克

做法：

① 烤箱预热至 180℃，鸡蛋、赤藻糖隔水加热至 40℃左右，打发至浓稠状。

② 杏仁粉分 2 次轻拌入蛋糊中，再加入香草精充分混合面糊。

③ 加入熔化的无盐奶油，搅拌至融合。

④ 将拌好的面糊倒入蛋糕纸模中，敲几下纸模，振出大气泡。

⑤ 放至烤箱 180℃ 烘烤 15 分钟后取出。

鲜奶油做法：

① 鲜奶油、赤藻糖打发至倒不出盆。

② 装入挤花袋，随意挤于蛋糕表面即完成。

🍰 贴心提醒

1 鲜奶油需含乳脂量 35% 以上才能打发。
2 鲜奶油与赤藻糖的比例约为 10：1。
3 鲜奶油勿过度打发，挤出的花才有光泽感。

澳门木糠抹茶蛋糕

慕斯加上木糠不甜不腻，好看又好吃

营养 成分表	碳水化合物	膳食纤维	蛋白质
	48.81 克	0 克	49.34 克

🥄 烤箱温度：200℃　⏱ 烘烤时间：10 分钟
🏠 使用模具：透明玻璃杯

材料：————————————————————————— 份量1个 / 2 人份

木糠材料：赤藻糖 30 克 / 无盐奶油 60 克 / 杏仁粉 150 克
慕斯材料：鲜奶油 400 克 / 奶油奶酪 60 克 / 赤藻糖 40 克 / 抹茶粉 8 克

做法：

1 取一保鲜袋将木糠材料倒入，搓揉成面团。

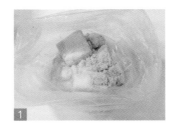 

2 面团压成 0.5 厘米厚度，放入烤箱烤至略为焦黄，取出后压碎成颗粒状，放凉备用。

3 取慕斯材料的鲜奶油加赤藻糖打发。

4 奶油奶酪分2次拌入打发鲜奶油中搅拌，之后再加入抹茶粉拌匀，装入挤花袋中。

5 取一个玻璃杯，重复填入做法2和做法4的材料，一层木糠，一层慕斯糊，将容器填至8分满即完成。

TIPS ▸木糠、慕斯糊厚度大约1厘米。

🍫 贴心提醒

1 冷藏2小时后食用，可保存3天。
2 打发鲜奶油可加几滴柠檬，更容易打出漂亮的效果。
3 可以分装在小杯子中，让更多人一起分享。

巧克力奶油霜杯子蛋糕

浓醇的巧克力入口即化、微苦香甜

营养 成分表	碳水化合物 ▼ 25.34 克	膳食纤维 ▼ 2.10 克	蛋白质 ▼ 39.9 克

🥄 烤箱温度：180℃　⏱ 烘烤时间：20 分钟　🍲 使用模具：底部直径 5 厘米蛋糕纸杯

材料：──────────────────────────────────── 份量 6 个

蛋糕体材料：豆浆 60 克 / 朗姆酒 8 克 / 椰子油 30 克 / 杏仁粉 70 克 / 泡打粉 2.5 克
　　　　　赤藻糖 30 克 / 鸡蛋 2 个 / 可可粉 15 克
巧克力奶霜：99% 苦甜巧克力 60 克 / 室温无盐奶油 60 克 / 赤藻糖 20 克

蛋糕体做法：

① 烤箱预热 180℃，杏仁粉、可可粉混合备用。

② 鸡蛋加赤藻糖打发，膨胀 4 倍，呈浅白色即可。

③ 杏仁粉、可可粉、泡打粉过筛加入蛋糊中混匀。

④ 依序加入豆浆、朗姆酒、椰子油，轻拌混合后，倒入蛋糕纸杯，放进烤箱 180℃烘烤 20 分钟。

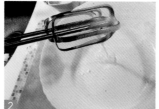

巧克力奶霜做法:

1 苦甜巧克力、奶油隔水加热至60℃，加入赤藻糖离火搅拌均匀。

2 冷却后放入挤花袋，等待蛋糕放凉后，表面挤上奶油霜即完成。

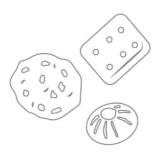

🧁 贴心提醒

1 苦甜巧克力勿加热过度，否则会导致油水分离。
2 必须等蛋糕放凉后再挤上奶油霜，形状才会完整。
3 全蛋打发需使用室温鸡蛋，天气冷时可以隔水加热到30~40℃会更容易打发。
4 粉料分两次拌入蛋糊中，较不易消泡。

Chapter 4

暖心派塔

只要备好基本塔皮、派皮，配上不一样的内馅就能轻松完成。可甜可咸，是充满无限

可能的点心，也是好吃美味的料理，就是塔、派、司康的魅力！

万用塔皮制作

学会这个，就能变出多样甜点

营养 成分表	碳水化合物 ▼ 28.61克	膳食纤维 ▼ 0克	蛋白质 ▼ 38.57克

🌡️ **烤箱温度：180℃**　　⏱️ **烘烤时间：10 分钟**　　🍲 **使用模具：活动不粘圆模**

材料 ────────────────────────────── 份量 6 个

鸡蛋 1 个 / 杏仁粉 150 克 / 无盐奶油 30 克 / 赤藻糖 30 克 / 海盐少许

做法：

1 鸡蛋与赤藻糖拌匀后，再加入杏仁粉拌匀。

2 加入熔化奶油、海盐，揉和成面团。

3 将面团分成 6 等份，压入塔模中。

4 底部用叉子戳洞，送入烤箱 180℃烘烤 10 分钟即完成。
TIPS ▸戳洞是为了防止膨胀破裂。

🍴 **贴心提醒** ════════
烤到边缘上色即可。

6 英寸派皮制作

香酥的派皮，与各种馅料都百搭

营养 成分表	碳水化合物	膳食纤维	蛋白质
	25.12克	0克	34.53克

🏠 **使用模具：6 英寸活动派模**

材料： ──────────────────────────────── 份量 1 个

蛋黄 1 个 / 冷藏无盐奶油 70 克
粉料：杏仁粉 130 克 / 赤藻糖 10 克 / 海盐 1 克

做法：

① 奶油捏成玉米粒状，加入所有粉料，用指腹搓成颗粒粉状。

② 加入蛋黄，揉和成面团。

③ 按压入派模中，由边绕圈填满，表面用叉子插小洞备用。

 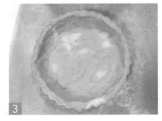

🐷 贴心提醒 ════════════════

1 如果手温过高会造成奶油熔化，制作的派皮就会不酥脆。

2 可依不同食谱状况，先烤熟派皮或同时与馅料一起烘烤。

3 调整赤藻糖与海盐的比例，就可以做成甜派或咸派。

6 英寸饼皮制作

简单方便，让你创造无限变化

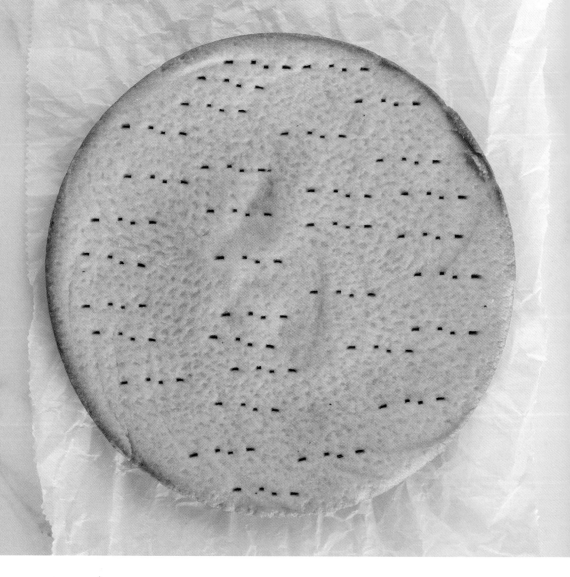

营养成分表	碳水化合物 ▼	膳食纤维 ▼	蛋白质 ▼
	14.58克	0克	22.52克

🥄 烤箱温度：180℃　⏱ 烘烤时间：15 分钟　🍲 使用模具：6 英寸圆形活动蛋糕模

材料：　　　　　　　　　　　　　　　　　　　　　　　　　　份量1个

鸡蛋 1 个 / 无盐奶油 30 克
粉料：杏仁粉 75 克 / 赤藻糖 15 克 / 海盐少许

做法：

1 奶油隔水熔成液体。

2 倒入粉料以及鸡蛋搅拌成面团。

3 蛋糕模中放入烘焙纸，将面团压入蛋糕模中整平。放进烤箱 180℃烘烤 15 分钟即完成。

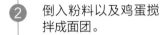

👨‍🍳 贴心提醒

1 如果是制作慕斯蛋糕，饼皮可以烤至金黄色的程度。
2 如果后续还有馅料需要烤，饼皮只需烤到边缘上色即可。

坚果塔

层次丰富，香气浓郁，口感极佳！

营养成分表	碳水化合物	膳食纤维	蛋白质
	68.81克	15.2克	70.97克

⌂ **使用模具：耐热小烤杯**

材料：—————————————————————————————— 份量 12 个

塔皮：参考 78 页塔皮制作
馅料：无盐奶油 25 克 / 赤藻糖 25 克 / 吉利丁 10 克 / 坚果 200 克（夏威夷果 / 杏仁 / 核桃
　　　南瓜子……皆可）

做法：

① 奶油小火熔化，加入坚果炒至香气溢出熄火。

② 吉利丁泡冰水软化，压去多余的水分，隔水加热，加入赤藻糖搅拌到熔化，熄火。

③ 将炒过的坚果倒入吉利丁液锅中混合。

④ 塔皮内先摆入坚果仁后，再将吉利丁液由中心点倒至满杯。

🍳 **贴心提醒**

1　用小杯装就好，千万不要做得跟蛋塔一样大。
2　完全放凉，再冷藏一夜更酥香好吃。

柠檬塔

酸甜内馅与酥脆塔皮的完美组合

营养 成分表	碳水化合物 ▼ 33.75克	膳食纤维 ▼ 0.2克	蛋白质 ▼ 51.63克

🏠 **使用模具：菊花瓣形塔模**

材料: ———————————————————————— 份量 6 个

塔皮：参考 78 页塔皮制作
饰顶：柠檬皮屑
馅料：鸡蛋 2 个 / 赤藻糖 80 克 / 柠檬 1 个 / 无盐奶油 50 克

做法:

① 磨下柠檬皮屑，挤出柠檬汁备用。

② 鸡蛋、柠檬汁、赤藻糖倒入锅中混合。

③ 隔水加热 60 ~ 70℃，不断地轻拌，避免蛋液煮成块状，煮至浓稠状离火，过筛。

 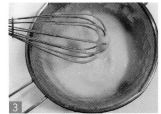

④ 加入奶油块搅拌混合，放至冷却。

⑤ 倒入塔皮内，表面撒上柠檬皮屑，放入冰箱冷藏 4 小时即完成。

👨‍🍳 **贴心提醒** ═══

1 柠檬皮切记不要磨到白色部分，会有苦味。
2 隔水煮柠檬蛋液时，需用小火，慢慢搅拌到浓稠。
3 酸甜度可依个人喜好调整。

葡式蛋塔

超简单零失误的美味甜点

营养 成分表	碳水化合物 ▼ 35.18克	膳食纤维 ▼ 0.20克	蛋白质 ▼ 52.53克

🥄 **烤箱温度：** 220℃　⏱ **烘烤时间：** 25 分钟　🍲 **使用模具：** 底部直径 4 厘米耐烤杯

材料：—————————————————————————————— 份量 6 个

塔皮：参考 78 页塔皮制作
馅料：鸡蛋 2 个 / 赤藻糖 40 克 / 香草精 3 克 / 鲜奶油 200 克

做法：

① 将所有馅料混合后过筛。

② 馅料倒入塔皮中，放入烤箱。220℃ 烘烤 25 分钟即完成。

🗨 **贴心提醒** ══════════

塔皮不要烤太焦，因为加入馅料后还需第二次烘烤。

柠檬慕斯塔

好吃不甜腻，微酸的高级小甜点

营养 成分表	碳水化合物 ▼ 39.50克	膳食纤维 ▼ 1.4克	蛋白质 ▼ 50.80克

🏠 **使用模具：铝箔纸托**（直径 7.8 厘米、下圆 4.8 厘米）

材料： 份量8个

塔皮：参考 78 页塔皮制作
饰顶：柠檬皮屑 / 柠檬切片
馅料：奶油奶酪 100 克 / 鲜奶油 120 克 / 吉利丁 5 克 / 赤藻糖 60 克 / 柠檬汁 50 克
　　　柠檬皮屑少许

做法：

1 塔皮放在铝箔纸托上。吉利丁片泡冰水 5 分钟，压去水分，隔水加热至完全熔化。

2 奶油奶酪、鲜奶油、赤藻糖，隔水加热熔化，离火搅拌成丝滑状。

3 加入柠檬汁，再加入吉利丁液搅拌均匀。

4 加入柠檬皮屑混匀。

5 倒入塔皮中，放入冰箱冷藏 2 小时后取出，表面撒上柠檬皮屑饰顶。

🧑‍🍳 **贴心提醒**
奶油奶酪加热温度切勿过高，否则会导致油水分离。

法芙娜巧克力塔

大人的成熟味道，苦甜交加的经典美味

营养成分表	碳水化合物 ▼	膳食纤维 ▼	蛋白质 ▼
	41.94 克	0 克	59.45 克

⬜ **使用模具：铝箔纸托（直径 7.8 厘米、下圆 4.8 厘米）**

材料 ———————————————————————— 份量 6 个

塔皮：参考 78 页塔皮制作
饰顶：花生粉
馅料：99% 苦甜巧克力 120 克 / 朗姆酒 10 克 / 鲜奶油 120 克 / 赤藻糖 30 克

做法：

① 塔皮放进铝箔纸托中备用。取一锅倒入鲜奶油、苦甜巧克力、赤藻糖加热至 60℃ 熄火。

② 加入朗姆酒，搅拌成丝滑状。倒入塔皮中，放入冰箱冷藏 2 小时凝固内馅，最后撒上花生粉饰顶即完成。

🥄 贴心提醒 ═══════════════════

1 巧克力加热应避免过度高温，否则会导致油水分离。
2 甜度可依个人喜好适当增减。

牛肉菠菜咸派

丰富的铁质，健康又美味

营养成分表	碳水化合物 ▼	膳食纤维 ▼	蛋白质 ▼
	45.84克	11.74克	82.52克

🌡 烤箱温度：180℃　⏱ 烘烤时间：30 ~ 35 分钟　🍲 使用模具：6 英寸派模

材料： ———————————————————————————————— 份量 1 个

派皮：参考 80 页派皮制作
奶油糊材料：鸡蛋 2 个 / 鲜奶油 120 克 / 奶油奶酪 80 克
饰顶：帕玛森奶酪丝适量
馅料：菠菜 100 克 / 胡椒粉 3 克 / 牛肉 100 克 / 大蒜 5 粒 / 酱油 15 克

做法：

1 菠菜切段、牛肉切条状、大蒜拍碎，锅内加少许油，放入蒜头爆香，加入牛肉翻炒，加酱油、胡椒粉炒熟起锅。

2 锅内加些许水，放入菠菜，炒熟备用。

3 鲜奶油与奶油奶酪，隔水加热熔化。

4 冷却后加入鸡蛋，拌匀成奶油糊。

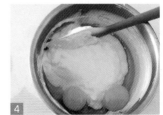

5 炒熟牛肉置于派皮中心，菠菜围边摆放。

6 倒入奶油糊约 9 分满，表面铺满起奶酪丝，放入烤箱 180℃ 烘烤 30 ~ 35 分钟即完成。

水果卡士达塔

挑选你爱吃的水果，做一个色彩缤纷的甜点

营养成分表	碳水化合物	膳食纤维	蛋白质
	50.62 克	0 克	81.30 克

🏠 **使用模具：菊花瓣形塔模底部直径 7 厘米、高 2.5 厘米**

材料： ──────────────────────────── 份量 6 个

塔皮：参考 78 页塔皮制作
饰顶：赤藻糖粉适量
馅料：鸡蛋 2 个 / 杏仁粉 45 克 / 吉利丁 6 克 / 鲜奶油 100 克 / 无盐奶油 20 克 / 赤藻糖 45 克
　　　水果适量

做法：

① 塔皮放进塔模备用。吉利丁隔水熔化。
TIPS ▶ 吉利丁可用片或粉。

② 鸡蛋加赤藻糖打发至有纹路（浅白色），加入杏仁粉搅拌。

③ 鲜奶油加热至 60℃锅边起泡即可，趁热快速倒入蛋黄糊中搅拌均匀。
TIPS ▶ 鲜奶油温度勿过高避免烫熟蛋黄。

④ 加入吉利丁液混合拌匀。

⑤ 加入奶油后继续搅拌完成，过筛后装入挤花袋，冷藏 4 小时。

⑥ 绕圈挤入塔皮约九分满，铺上水果丁。食用前撒上一层赤藻糖粉，会更加美味。
TIPS ▶ 水果可选蓝莓、草莓、猕猴桃或火龙果等不同口味。

洋葱培根奶酪咸派

咸香馅料与滑嫩蛋香的完美结合

营养 成分表	碳水化合物 ▼ 58.40克	膳食纤维 ▼ 4.70克	蛋白质 ▼ 73.38克

🌡️ 烤箱温度：180℃　⏱️ 烘烤时间：30 ～ 35 分钟　🍲 使用模具：6 英寸派模

材料 ─────────────────────────────────── 份量1个

派皮：参考 80 页派皮制作（6 英寸派皮无需烤过）
奶油糊材料：鸡蛋 2 个 / 鲜奶油 120 克 / 奶油奶酪 80 克
饰顶：帕玛森奶酪丝适量
馅料：培根 100 克 / 胡椒粉 2 克 / 洋葱 100 克 / 彩椒 50 克 / 盐 2 克

做法：

1 培根切碎、洋葱切碎、彩椒切丁备用。
TIPS ▸ 培根可替换成其他喜欢的肉类。

2 先将培根炒香，再放入洋葱、彩椒，加入胡椒、盐调味，炒熟备用。

3 鲜奶油与奶油奶酪，隔水加热熔化。

4 冷却后加入鸡蛋，拌匀成奶油糊。

5 培根肉填入派皮，表面撒上帕玛森起奶酪。

6 倒入奶油糊约九分满，放入烤箱 180℃ 烘烤 30 ～ 35 分钟即完成。

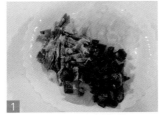

英式蓝莓司康

外部酥松，内部柔软的英式点心

营养成分表	碳水化合物 ▼	膳食纤维 ▼	蛋白质 ▼
	62.76 克	6.00 克	50.71 克

🌡️ **烤箱温度：** 180℃　⏱️ **烘烤时间：** 20 分钟

材料 ──────────────────────────────────── 份量1个

鸡蛋 1 个 / 鲜奶油 50 克 / 无盐奶油 70 克 / 蓝莓 100 克
粉料：杏仁粉 200 克 / 赤藻糖 40 克 / 泡打粉 7 克 / 盐 1 克

做法：

1 将粉料混合拌匀。将鸡蛋的蛋黄与蛋白分开,蛋白拌入粉料中,蛋黄备用,奶油切丁。

 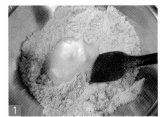

2 奶油丁与粉料用指腹搓成颗粒状。
TIPS ▸ 预留一些面粉颗粒装饰表面用。

3 加入鲜奶油,揉成面团。

4 面团分 2 等份,揉成圆形后压扁成约 1 厘米厚面皮,铺满蓝莓。

5 再覆盖一层面皮，表面涂抹蛋液，铺上蓝莓，放入冰箱冷藏 1 小时后取出。

6 将预留的面粉颗粒撒于表面。

7 切成 8 份，放入烤盘，送进烤箱 180℃烘烤 20 分钟即完成。

TIPS ▶放入烤盘时记得面团间要留缝隙，避免膨胀粘连。

🍳 贴心提醒

1 使用冷冻蓝莓也可以。
2 记得顾炉，避免烤焦。
3 避免手温太高熔化奶油，无法做成颗粒状面粉。
4 颗粒状面团就是奶酥做法。

青葱培根司康

介于面包与饼干之间的点心，咸香可口

营养成分表	碳水化合物 ▼	膳食纤维 ▼	蛋白质 ▼
	52.58克	2.60克	63.62克

🥄 烤箱温度：200℃　⏱ 烘烤时间：20 分钟

材料：————————————————————————————— 份量 1 个

蛋黄 1 个 / 鲜奶油 50 克 / 无盐奶油 50 克 / 培根 3 片 / 青葱 3 根
粉料：杏仁粉 200 克 / 泡打粉 6 克 / 蒜香香料粉适量

做法：

1 先将奶油熔化、青葱切碎备用。培根切碎，用平底锅炒熟备用。

2 粉料混合拌匀。

3 鲜奶油、青葱拌入粉料先行拌匀。

4 炒好的培根再加入做法 3 的原料拌匀揉成面团，用保鲜膜塑成长条状，约 3 厘米厚，放入冰箱冷冻 1 小时。

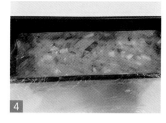

5　取出切成6等份，表面涂上一层蛋黄液。

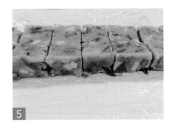

6　放入烤箱200℃烘烤20分钟即完成。

🧑‍🍳 贴心提醒

1 培根可替换成火腿、咸猪肉、香肠。
2 蛋黄液涂匀涂满，烤出来的色泽更美。
3 一定要冷藏后再烘烤才会外酥内松软。
4 培根炒出的油脂可以拌入材料中，香气十足。

Chapter 5

能量满满的
蛋糕卷和面包

香气浓厚的美味吐司，或是松软绵密的蛋糕卷，不管做成甜食或咸食都很可口，想吃的时候一片一片切下来，马上就能享受的幸福美味。

超浓奶酪面包

面包 Q 弹香软，奶酪香气浓郁

营养成分表	碳水化合物	膳食纤维	蛋白质
	76.62克	57.90克	62.32克

🥄 烤箱温度：200℃　⏱ 烘烤时间：30 分钟　🍲 使用模具：600 克吐司模

材料 ————————————————————————————————————— 份量 8 片

粉料：杏仁粉 120 克 / 无铝泡打粉 8 克 / 洋车前子粉 50 克 / 海盐 2 克 / 赤藻糖 35 克
湿料：奶油奶酪 120 克 / 椰子油 80 克 / 鸡蛋 3 个
饰顶：莫扎瑞拉奶酪适量

做法：

① 分别将所有粉料、湿料混合拌匀。

② 湿料分 3 次倒入混拌好的粉料搅拌均匀。

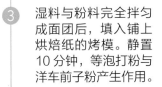

③ 湿料与粉料完全拌匀成面团后，填入铺上烘焙纸的烤模。静置10 分钟，等泡打粉与洋车前子粉产生作用。

④ 放入烤箱 200℃ 烘烤20 分钟后取出，铺满莫扎瑞拉奶酪丝，再放回烤箱烤 10 分钟即完成。

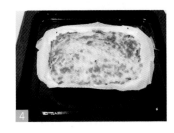

🗨 贴心提醒
1 隔夜或冷藏过，可利用电锅蒸熟加热，口感更湿润好吃。
2 也可将莫扎瑞拉奶酪切碎拌入面糊中制成。

蒜香奶酪面包

蒜香与奶酪完美搭配，是最强的黄金组合

营养 成分表	碳水化合物	膳食纤维	蛋白质
	▼	▼	▼
	87.15克	87.00克	88.77克

🥄 烤箱温度：180℃　⏱ 烘烤时间：20 分钟　🍲 使用模具：600 克铝箔模

材料 ———————————————————— 份量 8 片

粉料：莫扎瑞拉奶酪 150 克 / 亚麻籽粉 80 克 / 泡打粉 8 克 / 洋车前子粉 20 克
　　　椰子细粉 60 克 / 赤藻糖 20 克
湿料：奶油 30 克 / 蒜香奶酪粉 50 克 / 鸡蛋 4 个

做法：

1 先将粉料、湿料分别混合拌匀，再将粉料加入湿料中，混合搅拌成面团。

 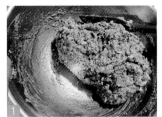

2 将面团倒入烤模中，静置 10 分钟，等车前子粉与泡打粉产生作用，再放入烤箱。180℃烘烤 20 分钟即完成。

🧑‍🍳 贴心提醒 ———————————————————

表面上色可降低温度为 150℃。

抹茶磅蛋糕

抹茶控必学，香气浓厚的高雅甜点

营养成分表	碳水化合物	膳食纤维	蛋白质
	46.54克	20.70克	52.51克

🖊 **烤箱温度：170℃**　⏱ **烘烤时间：35 分钟**　🍲 **使用模具：600 克吐司模**

材料 ——————————————————————————— 份量 10 片

杏仁粉 180 克 / 室温无盐奶油 100 克 / 抹茶粉 10 克 / 赤藻糖 100 克
鸡蛋 2 个 / 泡打粉 8 克
饰顶：夏威夷果

做法：

1 室温奶油打发至呈现蓬松的羽毛状态。

2 加入赤藻糖粉，打匀至有滑顺感即可。

3 鸡蛋分 2 次加入奶油糊中搅拌。

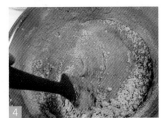

4 杏仁粉、抹茶粉、泡打粉过筛混合，与奶油糊混合搅拌成面糊。

5 倒入烤模，整平，表面点缀些许夏威夷果。送入烤箱 170℃ 烘烤 35 分钟后即完成。

🧑‍🍳 **贴心提醒** ——————————

1 任何烤模皆可铺上烘焙纸，以便脱模。
2 鸡蛋一定要用室温下的，以免混入时造成奶油结块。

黄金亚麻籽吐司条

不只健康营养，口感也是一流的

营养成分表	碳水化合物	膳食纤维	蛋白质
	106.28克	93.10克	109.92克

🥄 **烤箱温度：** 180℃　⏱ **烘烤时间：** 45 分钟

🍱 **使用模具：** 600 克吐司模（可做 2 条）

材料： ──────────────────────────────── 份量 2 条 16 片

粉料：杏仁粉 120 克 / 泡打粉 15 克 / 赤藻糖 30 克 / 椰子粉 80 克 / 黑芝麻粉 60 克
　　　黄金亚麻籽粉 60 克 / 洋车前子粉 30 克
湿料：鲜奶油 200 克 / 奶油奶酪 200 克 / 椰子油 50 克 / 鸡蛋 5 个
饰顶：黑芝麻粉

做法：

1 备齐所需材料，湿料、粉料分别混合拌匀，鸡蛋也先打好。

2 将鸡蛋分次拌入奶油奶酪糊中。

3 将拌匀的粉料分次拌入奶酪糊中完全拌匀。

4 倒入烤模中，撒上黑芝麻粉，放进烤箱，180℃烘烤 45 分钟即完成。

🍳 贴心提醒

1 以上材料可做 2 条，也可减半做 1 条，烘烤时间改成 25 分钟即可。
2 吐司取出烤箱冷却后再脱模。

巧克力蒲瓜吐司

满足甜食欲，还能补充多种营养

营养成分表	碳水化合物 ▼	膳食纤维 ▼	蛋白质 ▼
	74.46克	63.10克	61.67克

🥄 烤箱温度：180℃　⏱ 烘烤时间：40 分钟　🍳 使用模具：600 克吐司模

材料：————————————————————————————————— 份量 8 片

湿料：蒲瓜 200 克 / 椰子油 50 克 / 鸡蛋 4 个
粉料：杏仁粉 150 克 / 泡打粉 8 克 / 海盐少许 / 可可粉 20 克 / 赤藻糖 30 克
　　　洋车前子粉 30 克 / 椰子细粉 50 克

做法：

① 烤箱预热 180℃，蒲瓜洗净后免削皮，用调理机打碎，加入椰子油、鸡蛋一起打匀。

② 所有粉料充分混合拌匀。

③ 粉料分次混入湿料中拌匀成面糊状。

④ 倒入烤模中，轻敲 2 下烤模，振出空气。

⑤ 放入烤箱后以 180℃ 烘烤 30 分钟，转 150℃ 再烤 10 分钟即完成。

🍳 贴心提醒 ===================

1 可随季节替换成西葫芦或佛手瓜。
2 烤模上也可铺上烘焙纸，较好脱模。

平底锅香葱肉松卷

又香又美味，台式面包的经典不败款

营养 成分表	碳水化合物	膳食纤维	蛋白质
	40.93克	10.50克	51.09克

🏠 **使用模具：平底锅**

材料: ————————————————————————————— 份量 1 条

杏仁粉 40 克 / 橄榄油 20 克 / 鲜奶油 20 克 / 赤藻糖 30 克 / 肉松 50 克
泡打粉 3 克 / 沙拉酱适量 / 鸡蛋 2 个 / 青葱 2 根

做法:

① 先将蛋白、蛋黄分开，
赤藻糖与蛋白打发备
用，青葱切碎备用。

② 杏仁粉、蛋黄、橄榄油、
鲜奶油充分混合拌匀，
加入泡打粉拌匀。

 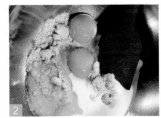

③ 打发的蛋白分 2 次拌
入面糊中。

4 平底锅铺上烘焙纸，开文火，先撒上葱花，再撒上约 10 克的肉松。

5 将面糊倒入锅中，整平，盖上锅盖焖5分钟。
TIPS ▸ 底部上色即可熄火。

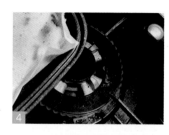 

6 面糊表面再盖上一张烘焙纸后，翻面再烤 3 ~ 5 分钟。

7 关掉炉火移出平底锅放凉后，撕掉烘焙纸，饼皮用刀轻划几刀。
TIPS ▸ 烘焙纸 2 面都要撕开，避免卷起时不好脱纸。

8 饼皮抹上一层沙拉酱，铺满肉松。

9 直接用底面烘焙纸卷起，放入冰箱冷藏 1 小时定形后即完成。

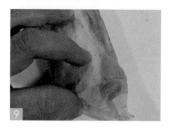

🍳 贴心提醒

1 喜欢沙拉酱多些可以先拌入肉松，抹上饼皮后再卷起。

2 蛋白中可加点醋或塔塔粉，有助打发。

平底锅抹茶毛巾卷

又美又好吃，甜而不腻的网红甜点

营养 成分表	碳水化合物 ▼ 33.42克	膳食纤维 ▼ 11.50克	蛋白质 ▼ 45.96克

⌂ **使用模具：平底锅**

材料：————————————————————————————— 份量1条

外皮：杏仁粉 100 克 / 橄榄油 50 克 / 鲜奶油 50 克 / 抹茶粉 10 克 / 赤藻糖 50 克
　　　鸡蛋 3 个
内馅：鲜奶油 200 克 / 赤藻糖 20 克 / 海盐少许

做法：

① 内馅的鲜奶油、赤藻糖、海盐打发备用。鸡蛋与橄榄油混合。

② 加入杏仁粉、赤藻糖，再加入抹茶粉、倒入鲜奶油充分混合拌匀。

③ 拌好的面糊过筛，去掉粗粉粒。

④ 取平底锅，开小火，锅面涂抹奶油。

⑤ 舀一瓢抹茶糊于锅中，轻轻转动至四周，表面起泡即可熄火，饼皮在锅内煨一下，再倒出盘中盛放。

⑥ 桌面铺上保鲜膜，饼皮三分处重叠，抹上打发鲜奶油当内馅，两侧小圆边不要涂，收起两侧饼皮。

TIPS ▶ 桌面保鲜膜可替换成烘焙纸。

⑦ 由一边顺利卷起，再用保鲜膜包覆，放置冰箱冷藏 4 小时定形。

⑧ 食用前撒上抹茶粉即完成。

🍴 贴心提醒

1 饼皮要完全冷却才可涂鲜奶油。
2 抹奶油时两边少些较好卷。

鲜奶油生乳卷

丝滑的内馅，绵密的滋味超级疗愈人心

营养成分表	碳水化合物	膳食纤维	蛋白质
	26.7 克	0 克	45.44 克

🥄 **烤箱温度：** 180℃　　⏱ **烘烤时间：** 12 分钟　　🍲 **使用模具：** 24 厘米 × 28 厘米烤盘

材料 ──────────────────────────────────── 份量 1 条

蛋糕体：杏仁粉 80 克 / 橄榄油 30 克 / 酸奶 50 克 / 泡打粉 3 克 / 赤藻糖 40 克
　　　　鸡蛋 3 个 / 香草精 3 克
内馅：鲜奶油 200 克 / 赤藻糖 20 克

做法：

① 所有粉料过筛，蛋白、蛋黄分离备用，将烤箱预热 180℃。

② 香草精、酸奶、橄榄油、蛋黄混合拌匀。

③ 赤藻糖、杏仁粉、泡打粉过筛后拌入做法 2 的原料，拌成面糊。

④ 蛋白打发，分 3 次拌入面糊中。

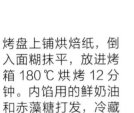

⑤ 烤盘上铺烘焙纸，倒入面糊抹平，放进烤箱 180℃ 烘烤 12 分钟。内馅用的鲜奶油和赤藻糖打发，冷藏备用。

TIPS ▸ 鲜奶油打至六分发起即可。

6　蛋糕取出烤箱后，表面覆盖上烘焙纸，放凉保持湿润度。

7　撕除表面的烘焙纸，舀入打发的鲜奶霜，中心点略高，左右各留1厘米，方便卷起。

8　卷起后用底面白报纸包覆，两端内折，放置冷藏4小时定形即完成。

🍴 贴心提醒

1　建议将底层烘焙纸先撕下，避免卷起粘连纸张。
2　鲜奶油必需冷藏，低温才能打发。

牛油果花生吐司条

牛油果滑顺口感藏在吐司里，活力满分

营养 成分表	碳水化合物	膳食纤维	蛋白质
	61.61克	23.6克	78.69克

🔖 烤箱温度：170℃   ⏱ 烘烤时间：30 ～ 35 分钟

🏠 使用模具：600 克吐司模

材料： ────────────────────────────────── 份量 8 片

牛油果 150 克 / 鲜奶油 100 克 / 无调味花生酱 70 克 / 鸡蛋 3 个 / 海盐少许
粉料：杏仁粉 80 克 / 泡打粉 6 克 / 亚麻仁籽粉 50 克
饰顶：杏仁片适量

做法：

① 所有粉料混合拌匀。

② 牛油果与花生酱搅拌成泥状，加少许海盐。

③ 将蛋白、蛋黄分离，蛋白打发，蛋黄拌匀。

④ 将蛋黄拌入牛油果泥中搅拌拌匀。

5 将粉料、牛油果泥、鲜奶油倒入锅中混合成糊。

6 将蛋白分 2 次轻拌入面糊中。

7 面团倒入烤模中整平，放入烤箱，表面铺上杏仁碎片。将烤模放进烤箱170℃烘烤30～35分钟即完成。

🍳贴心提醒

1 牛油果不要选过熟的，会有苦味。
2 花生酱替换成 2 个咸蛋，也很美味。
3 花生酱若是咸味的，就不要再加海盐。

Chapter 6
人气咸甜蛋糕

海绵、戚风还有克拉芙提，咸的、甜的不同口感，不同味道，但都能满足你的味蕾，

让你享受幸福滋味！无论是要帮亲朋好友过生日，或是纯粹犒赏自己，都是最佳选择！

拿铁慕斯蛋糕

浓郁的咖啡香配上冰凉慕斯，令人回味无穷

营养 成分表	碳水化合物 ▼ 26.62 克	膳食纤维 ▼ 8.60 克	蛋白质 ▼ 43.53 克

⌂ **使用模具：6 英寸不粘圆形蛋糕模**

材料 ： ——————————————————————————— 份量 1 个

奶油奶酪 280 克 / 吉利丁 10 克 / 即溶黑咖啡 8 克 / 赤藻糖 80 克 / 鲜奶油 150 克

做法 ：

1　蛋糕底请参考 82 页饼皮做法，饼皮烤熟些。

2　将奶油奶酪、鲜奶油、赤藻糖混合，隔水加热，搅拌至丝滑感离火。

3　吉利丁片泡冰水 5 分钟软化，取出后隔水加热，化成水。

4　用 50 毫升开水冲泡即溶咖啡，吉利丁与咖啡液加入慕斯泥中搅拌均匀。

5　倒入烤好的饼皮内，轻振几下，排出大气泡，放进冰箱冷藏 4 小时。

6　脱模时，用温毛巾顺着烤模外围擦拭，取下即可。

🍳 贴心提醒 ————————

1　冷藏时间须足够才能顺利脱模。
2　奶油奶酪勿过度加热，否则易造成油水分离产生颗粒感。

香草天使蛋糕

松软细致富弹性，大人小孩都爱吃

营养成分表	碳水化合物	膳食纤维	蛋白质
	15.88克	0.30克	31.66克

🌡️ 烤箱温度：160℃   ⏱️ 烘烤时间：35 分钟   🍲 使用模具：6 英寸蛋糕模

材料： ————————————————————————— 份量 1 个

杏仁粉 70 克 / 苹果醋 5 克 / 豆浆 80 克 / 椰子油 30 克 / 香草精适量
赤藻糖 40 克 / 蛋白 4 个

做法：

1 烤箱预热 160℃。将杏仁粉、椰子油、香草精、豆浆、赤藻糖粉混合拌匀。

2 蛋白加入苹果醋打至弯勾状湿性打发。

3 蛋白分 3 次使用切半法，拌入面糊中。

4 模具先涂抹上奶油，再倒入面糊，用刮刀轻搅出大气泡。

5 放入烤箱，取出后蛋糕体倒扣放凉。

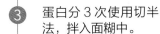

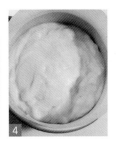

👨‍🍳 贴心提醒 ————————————

1 蛋白要新鲜冷藏才易于打发。
2 蛋白不可打过头，否则口感不佳。

柠檬戚风蛋糕

蓬松的口感，微酸的味道，清香又爽口

营养成分表	碳水化合物	膳食纤维	蛋白质
	13.09 克	0 克	14.98 克

🖊 烤箱温度：170℃ ⏲ 烘烤时间：45 分钟 🍱 使用模具：6 英寸圆形蛋糕模

材料： ──────────────────────────────────── 份量 1 个

杏仁粉 80 克 / 鲜奶油 60 克 / 柠檬汁 10 克 / 椰子油 40 克 / 海盐少许
赤藻糖 60 克 / 鸡蛋 3 个

做法：

1 烤箱预热 170℃，杏仁粉过筛备用。

2 将蛋黄与蛋白分开。

3 再将蛋黄、鲜奶油、赤藻糖、椰子油混合均匀，加入杏仁粉、海盐拌匀。

  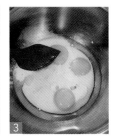

4 柠檬汁、蛋白打发至湿性弯勾状。

5 蛋白分 3 次与面糊混合。

6 倒入模具中，轻叩几下，振出大气泡。

7 放入烤箱 170℃ 烘烤 45 分钟，取出后倒扣防止蛋糕回缩，晾凉即可食用。

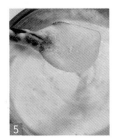  

🍳 贴心提醒 ══════════════════════

1 柠檬汁可换成 2 克塔塔粉，蛋糕的膨胀度会更佳。
2 适合做生日蛋糕的蛋糕体。

重奶酪蛋糕

浓郁绵密的口感，一入口就香气四溢

营养 成分表	碳水化合物 ▼	膳食纤维 ▼	蛋白质 ▼
	12.84克	0.60克	37.32克

🌡 **烤箱温度：** 水溶法 180℃　⏱ **烘烤时间：** 50 ～ 60 分钟

🏠 **使用模具：** 6 英寸圆形不粘模

材料：————————————————————————— 份量 1 个

奶油奶酪 250 克 / 鸡蛋 2 个 / 鲜奶油 120 克 / 柠檬汁 1/2 个 / 赤藻糖 60 克

做法：

① 烤箱预热 180℃，蛋糕底部作法请参考 82 页饼皮制作，烘烤 8 分钟。

TIPS ▶ 饼皮稍烤一下即可。

② 奶油奶酪室温软化，加入鲜奶油、赤藻糖以及柠檬汁，搅拌成丝滑糊状。

③ 将鸡蛋分 2 次加入奶酪糊中，混合拌匀。

④ 倒入模具中轻轻振匀。

⑤ 烤盘注入 1/2 满热水，再将装满面糊的模具放置烤盘上 180℃烘烤 50 ～ 60 分钟。取出后待完全冷却脱模即完成。

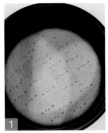

🍮 贴心提醒 ————————————————————

1 冷藏后食用更绵密细致好吃。

2 表面上色可盖上一层铝箔纸防过度上色。

巧克力布朗尼

湿润又松软的口感，浓郁不腻口

营养成分表	碳水化合物	膳食纤维	蛋白质
	56.61克	18.20克	92.82克

📎 烤箱温度：170℃   ⏱ 烘烤时间：30 分钟   🍱 使用模具：6 英寸圆形派模

材料 ——————————————————————————— 份量 2 个

鸡蛋 3 个 / 无盐奶油 80 克 /99% 苦甜巧克力 250 克 / 赤藻糖 30 克 / 杏仁粉 100 克
杏仁或核桃碎片 100 克 / 泡打粉 5 克 / 朗姆酒 12 克
饰顶：杏仁或核桃适量

做法：

1 奶油、苦甜巧克力，隔水加热至 70℃，熄火，搅拌成巧克力糊。

2 加入赤藻糖充分搅拌到糖溶解，再加入杏仁粉、鸡蛋、泡打粉，拌匀。

3 最后倒入朗姆酒、坚果碎片，混合搅拌（搅动会有一点韧性）。

4 模具抹一面奶油或铺烘焙纸，将巧克力糊倒入模具中。
TIPS ▸ 大约 3 厘米厚度最佳。

5 表面点缀核桃或杏仁颗粒，放入烤箱170℃烘烤 30 分钟即完成。

🍮 贴心提醒 ——————

1 一锅到底的简单做法，内湿外酥。
2 巧克力避免加热过度，否则会导致油水分离。
3 烘烤过程中会出油属正常现象。

海盐奶盖蛋糕

浓醇的奶盖加上 Q 弹的蛋糕，让你震撼的滋味

营养 成分表	碳水化合物 ▼ 16.25克	膳食纤维 ▼ 0克	蛋白质 ▼ 13.61克

材料: ———————————————————————————————— 份量1个

奶油奶酪 120 克 / 酸奶或鲜奶油 50 克 / 海盐 2 克 / 赤藻糖 10 克
饰顶: 烤熟杏仁片适量
蛋糕体: 请参考 136 页的柠檬戚风蛋糕（省略柠檬汁）

做法:

① 蛋糕体请参考 136 页的柠檬戚风蛋糕。

② 将以上材料隔水加热熔化拌匀。

③ 装入挤花袋，稍放凉些。

④ 由蛋糕体表面中心点挤出，用刮刀向外推开，呈自然流下的状态。

⑤ 放置冰箱冷藏 2 小时以上，取出食用前铺盖一面杏仁片即完成。

🎂 贴心提醒

1 蛋糕体必须完全冷却才能食用。
2 冷藏后风味更佳！

鱼松咸蛋糕

古早味蛋糕，咸咸甜甜的传统美味

营养成分表	碳水化合物 ▼	膳食纤维 ▼	蛋白质 ▼
	48.29克	19.90克	68.69克

🏠 **使用模具：电锅、6 英寸蛋糕模**

材料：————————————————————————— 份量 1 个

杏仁粉 150 克 / 鱼松 30 克 / 鲜奶油 120 克 / 玫瑰盐 2 克 / 赤藻糖 20 克
鸡蛋 4 个 / 油葱 10 克

做法：

1 电锅外锅加一杯水，按下煮饭键。取出杏仁粉过筛备用。

2 蛋黄、蛋白分开，蛋白与赤藻糖粉混合打发。

3 将鲜奶油、玫瑰盐、杏仁粉、油葱与蛋黄混合后，分成 2 次拌入打发蛋白中拌匀。

4 取一锅，铺上烘焙纸，倒入 1/2 面糊，再将鱼松放入上面，再倒入剩余面糊，振出大气泡。

5 放进电锅，待跳起即可取出食用。

🍲 贴心提醒 ═══════════

1 鱼松可增减或替换成肉松。
2 打发蛋白的器皿不可有油水。

咸蛋黄克拉芙提

柔软的口感，浓郁且富有层次

营养 成分表	碳水化合物	膳食纤维	蛋白质
	37.25 克	0 克	57.64 克

🥄 **烤箱温度**：180℃　⏱ **烘烤时间**：30 分钟　🍲 **使用模具**：6 英寸蛋糕模

材料： ━━━━━━━━━━━━━━━━━━━━━━━━━━━━━　份量1个

杏仁粉 120 克 / 咸蛋黄 2 个 / 鲜奶油 200 克 / 无盐奶油 20 克 / 赤藻糖 30 克 / 鸡蛋 2 个

做法：

1　咸蛋黄 1 个切碎，另 1 颗压泥。

2　其余材料充分搅拌后，拌入咸蛋泥。

3　倒入模具中，再将咸蛋黄碎片铺面。

4　放入烤箱 180℃烘烤 30 分钟即完成。

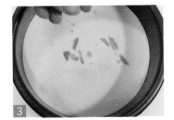

🧑‍🍳 **贴心提醒**

1 热的时候吃口感像蛋糕，放凉后吃口感像布丁。
2 这是一道易操作不易失败的甜点。
3 喜欢咸味重些可加入咸蛋白。

海绵蛋糕

浓浓的蛋香，最简单纯粹的经典蛋糕

营养 成分表	碳水化合物 ▼ 17.32克	膳食纤维 ▼ 0克	蛋白质 ▼ 42.80克

🥄 **烤箱温度**：170℃　⏱ **烘烤时间**：40 分钟　🍲 **使用模具**：6 英寸圆形活动蛋糕模

材料： ——————————————————————————————— 份量 1 个

杏仁粉 80 克 / 椰子油 25 克 / 海盐少许 / 赤藻糖 80 克 / 鲜奶油 25 克 / 室温鸡蛋 4 个

做法：

1 烤箱预热 170℃，杏仁粉过筛备用。

2 海盐、赤藻糖、鸡蛋用高速打发至缓慢流下的状态。

　　TIPS ▸ 冬天全蛋不易打发，可隔水加热至 40℃打发。

3 加入杏仁粉分 3 次加入轻拌混合。

　　TIPS ▸ 轻拌是为了避免消泡。

4 再加入鲜奶油以及椰子油拌匀。

5 以绕圈方式倒入烤模，轻振烤模排出大气泡。

6 放入烤箱 170℃烘烤40 分钟。

7 取出后倒扣，防止蛋糕体回缩，放凉后即可脱模。

　　TIPS ▸ 手掌轻压烤模内缘一圈，较易脱模。

柠檬蛋糕

酸甜的柠檬糖霜，让人一吃就爱上

营养 成分表	碳水化合物 ▼ 35.06克	膳食纤维 ▼ 1.10克	蛋白质 ▼ 67.23克

🖊 烤箱温度：175℃　⏱ 烘烤时间：30 ～ 35 分钟　🏠 使用模具：6 英寸不粘蛋糕模

材料： ──────────────────────────── 份量1个

蛋糕体：杏仁粉 150 克 / 无盐奶油 100 克 / 柠檬汁 20 克 / 赤藻糖 90 克 / 鸡蛋 5 个
　　　　柠檬皮屑少许
糖霜：柠檬汁 20 克 / 赤藻糖 50 克 / 柠檬皮屑少许 / 奶油奶酪 30 克

蛋糕体做法：

1　烤箱预热170℃，鸡蛋、糖打发至有明显纹路呈浅白色，奶油隔水熔化。

2　杏仁粉过筛，熔化奶油、杏仁粉、柠檬汁、柠檬皮屑充分搅拌完成。

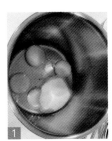  

3　鸡蛋糊与面糊混合，以绕圈方式倒入模具中，放入烤箱中175℃烘烤30 ～ 35 分钟。

4　取出后放凉备用。

TIPS ▸磅蛋糕体无需倒扣防缩。

柠檬糖霜做法：

1　将糖霜材料隔水加热，约60℃离火持续搅拌到浓稠状，放置降温至微凉。

2　以蛋糕中心点倒下轻刮向外围推出，沿四周流下。表面撒上柠檬皮屑，放入冰箱冷藏2小时左右，让糖霜凝固，即可食用。

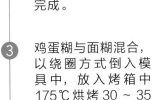

图书在版编目（CIP）数据

低糖烘焙 / 陈裕智著. —北京：中国轻工业出版社，
2020.11

ISBN 978-7-5184-2910-3

Ⅰ.①低… Ⅱ.①陈… Ⅲ.①烘焙－糕点加工
Ⅳ.①TS213.2

中国版本图书馆CIP数据核字（2020）第032825号

责任编辑：张　靓　　　责任终审：劳国强　　　整体设计：锋尚设计
责任校对：吴大鹏　　　责任监印：张　可

出版发行：中国轻工业出版社（北京东长安街6号，邮编：100740）

印　　刷：北京富诚彩色印刷有限公司

经　　销：各地新华书店

版　　次：2020年11月第1版第1次印刷

开　　本：720×1000　1/16　印张：9.5

字　　数：200千字

书　　号：ISBN 978-7-5184-2910-3　定价：58.00元

邮购电话：010-65241695

发行电话：010-85119835　传真：85113293

网　　址：http://www.chlip.com.cn

Email：club@chlip.com.cn

如发现图书残缺请与我社邮购联系调换

191224S1X101ZYW